BERICHTE ÜBER DIE VERHANDLUNGEN DER SÄCHSISCHEN
AKADEMIE DER WISSENSCHAFTEN ZU LEIPZIG

Mathematisch-naturwissenschaftliche Klasse
Band 98 · Heft 4

H. BECKERT

BEMERKUNGEN ÜBER DIE VERBIEGUNG HYPERBOLISCH GEKRÜMMTER FLÄCHENSTÜCKE

H. SALIÉ

ÜBER ABELS VERALLGEMEINERUNG DER BINOMISCHEN FORMEL

1951

AKADEMIE-VERLAG · BERLIN

Vorgelegt durch Herrn HÖLDER in der Sitzung vom 17. Juli 1950
Manuskripte eingeliefert am 11. Dezember 1950
Druckfertig erklärt am 30. Juli 1951

Erschienen im Akademie-Verlag GmbH., Berlin NW 7, Schiffbauerdamm 19
Lizenz-Nr. 156 · 100/4/51
Satz und Druck der Buchdruckerei F. Mitzlaff, Rudolstadt/Thür. (400)
Bestell- und Verlagsnummer 2027/98/4
Preis: DM 2,25

H. BECKERT

BEMERKUNGEN ÜBER DIE VERBIEGUNG HYPERBOLISCH GEKRÜMMTER FLÄCHENSTÜCKE

Die GAUSSschen Ableitungsgleichungen der Flächentheorie gestatten die Konstruktion einer Fläche mit bei einer festen Darstellung (u, v) vorgegebenen Fundamentalgrößen: E, F, G, D, D', D''. Die Fläche ist nach dem Satze von BONNET bis auf Bewegungen im Raume durch die sechs Fundamentalgrößen eindeutig bestimmt. Bekanntlich können die Funktionen: $E(u, v)$, $F(u, v)$, $G(u, v)$, $D(u, v)$, $D'(u, v)$, $D''(u, v)$ nicht willkürlich vorgelegt werden, sondern haben 3 Integrabilitätsbedingungen zu genügen, der GAUSSschen Gleichung und den beiden MAINARDI-CODAZZIschen Gleichungen. Diese sind nun, wie eine einfache Umformung zeigt, einem quasilinearen System partieller Differentialgleichungen erster Ordnung äquivalent, woraus auf Grund bekannter Existenz- und Eindeutigkeitssätze[1]) einige wichtige Folgerungen gezogen werden können.

Sind 2 Flächen S_1 und S_2 vorgelegt, so besteht die analytische Bedingung für die Möglichkeit, S_1 in S_2 zu verbiegen[2]), in der Existenz einer gemeinsamen Darstellung (u, v) von S_1 und S_2: $x_1(u, v)$, $y_1(u, v)$, $z_1(u, v)$; $x_2(u, v)$, $y_2(u, v)$, $z_2(u, v)$, wobei die entsprechenden Linienelemente übereinstimmen, d. h.: $E_1(u, v) = E_2(u, v)$; $F_1(u, v) = F_2(u, v)$, $G_1(u, v) = G_2(u, v)$ sind. Ein unter dem Namen „Boursches Problem" bekanntes Grundproblem der Theorie der Verbiegung fragt nach der Bestimmung aller Flächen, die in eine vorgegebene Fläche verbiegbar sind. Im folgenden werden hierzu für den Fall hyperbolisch gekrümmter Flächen einige Beiträge geliefert auf Grund der Resultate von (D). Darüber hinaus ergeben sich noch allgemeine Aussagen über die Starrheit dieser Flächenstücke,

---

[1] Vgl. die Arbeit des Verf.s: Über quasilineare Systeme partieller Differentialgleichungen 1. Ordnung. Das Anfangswertproblem, Die gemischte Anfangs-Randwertaufgabe, Das charakteristische Problem. Ber. d. Sächs. Akad. Wiss., Math.-Nat. Kl., Bd. 97, Heft 5. Im folgenden wird der Hinweis auf diese Arbeit immer mit (D) gekennzeichnet.

[2] Die Bezeichnung „Verbiegung" wird hier durchweg im Sinne isometrischer Abbildung verstanden.

wenn Teile der Berandung festgehalten werden. Dabei fassen wir, so sei vorausgeschickt, nur Flächenstücke ins Auge, die im Sinne der Differentialgeometrie regulär sind und sich vermöge ihrer Darstellung auf ein einfach zusammenhängendes Gebiet in der u, v-Ebene umkehrbar eindeutig abbilden.

Der Vereinfachung wegen werden die folgenden Bezeichnungen hinsichtlich Differenzierbarkeit vereinbart:

Ein Flächenstück S gehöre zur Klasse D_j, wenn eine Grunddarstellung: $x(u,v)$; $y(u,v)$; $z(u,v)$ von S existiert, wobei alle partiellen Ableitungen dieser Funktionen bis zur j-ten Ordnung einschließlich existieren und stetig sind und man keine Darstellung von höherer Differenzierbarkeitsordnung für die Ableitungen als der j-ten angeben kann.

Die Fläche S gehöre zu D_1. Wir fragen nach allen Flächen S^j der Klassen D_j mit $j \geqq 1$, welche in S verbiegbar sind.
Seien

$$x(u,v),\ y(u,v),\ z(u,v);\quad x^j(u',v'),\ y^j(u',v'),\ z^j(u',v')$$

Grunddarstellungen von S und S^j, U und U' die Definitionsbereiche in der u, v- und u', v'-Ebene. Es soll dann eine gemeinsame Darstellung $(\bar{u}, \bar{v})$ von S und S^j mit dem Definitionsbereich $\bar{U}$ existieren:

$$(1)\qquad \begin{aligned} S&: \quad \bar{x}(\bar{u},\bar{v}),\ \bar{y}(\bar{u},\bar{v}),\ \bar{z}(\bar{u},\bar{v}) \\ S^j&: \quad x^j(\bar{u},\bar{v}),\ y^j(\bar{u},\bar{v}),\ z^j(\bar{u},\bar{v}) \end{aligned}$$

so daß erstens über $\bar{U}$ die Funktionen (1) stetige partielle Ableitungen erster Ordnung haben und zweitens gilt:

$$\bar{E}(\bar{u},\bar{v}) = E^j(\bar{u},\bar{v}),\quad \bar{F}(\bar{u},\bar{v}) = F^j(\bar{u},\bar{v}),\quad \bar{G}(\bar{u},\bar{v}) = G^j(\bar{u},\bar{v})$$

Man erkennt, daß wir auch U statt $\bar{U}$ als gemeinsamen Definitionsbereich hätten nehmen können. Denn aus den beiden Darstellungen für S:

$$x(u,v),\ y(u,v),\ z(u,v);\quad \bar{x}(\bar{u},\bar{v}),\ \bar{y}(\bar{u},\bar{v}),\ \bar{z}(\bar{u},\bar{v})$$

resultiert eine umkehrbar eindeutige Transformation:

$$(*)\qquad u = \bar{u}(\bar{u},\bar{v}),\quad v = \bar{v}(\bar{u},\bar{v})$$

mit stetigen partiellen Ableitungen erster Ordnung, welche $\overline{U}$ auf U abbildet. Hieraus erhalten wir auch eine Darstellung von S^j über U mit den verlangten Eigenschaften. Das Problem würde sich also reduzieren auf das folgende: Vorgelegt sei ein Flächenstück S der Klasse D_1 in der Grunddarstellung über U als Definitionsbereich mit den Fundamentalgrößen: $E(u,v)$, $F(u,v)$, $G(u,v)$, die stetig von u, v abhängen. Wir suchen die Gesamtheit aller Flächen S^j: $x^j(u,v)$, $y^j(u,v)$, $z^j(u,v)$ über den Bereich U, wobei letztere Funktionen stetig differenzierbar sind, für die gilt:

$$E(u,v) = E^j(u,v), \quad F(u,v) = F^j(u,v), \quad G(u,v) = G^j(u,v)$$

Diesem allgemeinen Problem stellen sich prinzipielle Schwierigkeiten gegenüber, jedenfalls dann, wenn man sich zur Konstruktion der Flächen S^j der Gaussschen Ableitungsgleichungen bedient[1]). Denn für die Flächen der Klasse D_1 verlieren diese ihren Sinn, da die zweiten Fundamentalgrößen nicht notwendig zu existieren brauchen. Um trotzdem über die Ableitungsgleichungen einen Zugang zu gewinnen, erscheint es notwendig, die Problemstellung zu vereinfachen und nur Flächen höherer als erster Klasse in Betracht zu ziehen. Ohne uns auf eine genauere Formulierung der Differenzierbarkeit einzulassen — was müßig erscheint, da wir den allgemeinen Fall sowieso ausschließen —, sprechen wir die folgenden Sätze für Flächenklassen D_j mit hinreichend hohem Index j aus.

Sei S^j eine Fläche der Klasse D_j. Wir suchen die Mannigfaltigkeit (S^j) aller Flächen der Klassen $D_{j'}(j' \geqq j)$, welche in S^j verbiegbar sind, zu bestimmen. D. h. wenn $\overline{S}^j$ zu (S^j) gehört, soll eine gemeinsame Darstellung in der uv-Ebene existieren, wofür $E^j(u,v) = \overline{E}^j(u,v)$, $F^j(u,v) = \overline{F}^j(u,v)$, $G(u,v) = \overline{G}^j(u,v)$ sind, und die zugehörigen Darstellungen:

$$(2) \qquad x^j(u,v),\ y^j(u,v),\ z^j(u,v);\quad \overline{x}^j(u,v),\ \overline{y}^j(u,v),\ \overline{z}^j(u,v)$$

stetige Ableitungen bis zur j-ten Ordnung besitzen.

---

[1] Einen anderen Zugang gewinnt Rellich in: Über die Reduktion gewisser ausgearteter Systeme von partiellen Diffgl. Math. Ann. 33/34, S. 714 ff.

Die Mannigfaltigkeit (S^j) braucht nicht alle Flächen S^* der Klassen D_{j^*}, $j^* \geq j$ zu enthalten, welche im normalen Sinn in S^j verbiegbar sind; denn es wäre denkbar, daß in jeder gemeinsamen Darstellung von S^j und S^* wenigstens stets eine der Funktionen (2) von niedriger als der j-ten Differenzierbarkeitsordnung ist, obwohl dabei die Funktionen E^j, E^*, F^j, F^*, G^j, G^* als zusammengesetzte Funktionen $(j-1)$ mal stetig differenzierbar sind.

Zur Ermittlung der Mannigfaltigkeit (S^j) gehen wir von einer Grunddarstellung von S^j über dem Bildbereich U in der u, v-Ebene aus. Die ersten Fundamentalgrößen E^j, F^j, G^j sind daselbst bis zur $(j-1)$ten Ordnung einschließlich differenzierbar.

Wir denken uns von vornherein jede Fläche $\overline{S}^j$ von (S^j) auf den Bildbereich U der Grunddarstellung von S^j vermöge einer Transformation des Typus $(*)$ bezogen. Als Integrabilitätsbedingungen der Ableitungsgleichungen und Weingartenschen Gleichungen[1]), auf die sich die Bonnetsche Flächenkonstruktion stützt, ergeben sich in bekannter Weise die Fundamentalgleichungen der Flächentheorie (3):

$$K(u,v) = \frac{D D'' - D'^2}{E G - F^2}$$

$$(3) \qquad -\frac{\partial D'}{\partial u} + \frac{\partial D}{\partial v} = p' D + (q' - p) D' - q D''$$

$$-\frac{\partial D'}{\partial v} + \frac{\partial D''}{\partial u} = -p'' D + (p' - q'') D' + q' D''$$

Dabei sind p, p', p'' und q, q', q'' Abkürzungen für die Symbole:

$$p = \begin{Bmatrix} 11 \\ 1 \end{Bmatrix}; \quad p' = \begin{Bmatrix} 12 \\ 1 \end{Bmatrix}; \quad p'' = \begin{Bmatrix} 22 \\ 1 \end{Bmatrix}$$

$$q = \begin{Bmatrix} 11 \\ 2 \end{Bmatrix}; \quad q' = \begin{Bmatrix} 12 \\ 2 \end{Bmatrix}; \quad q'' = \begin{Bmatrix} 22 \\ 2 \end{Bmatrix}$$

$K(u,v)$ ist die Krümmung der Fläche und Funktion der E, F, G und deren Ableitungen bis zur zweiten Ordnung.

---

[1] Vgl. etwa: Kommerell, Theorie der Raumkurven und Flächen. Bd. 2. W. de Gruyter, 1931.

Jede Fläche der zu bestimmenden Mannigfaltigkeit (S^j) hat, nach einer Transformation ($*$) auf den Bildbereich U bezogen, Fundamentalgrößen: D, D', D'', die den Gleichungen (3) genügen. Die Funktionen: $K, p', q', p'', q'', p, q$ hängen nur von den bekannten Fundamentalgrößen: E, F, G von S^j und deren Ableitungen ab und sind daher als bekannte Funktionen von u und v aufzufassen. Wir haben also die Lösungsmannigfaltigkeit $D(u,v)$, $D'(u,v)$, $D''(u,v)$ der Gleichungen (3) bei vorgegebenen Funktionen: $E(u,v)$, $F(u,v)$, $G(u,v)$ zu bestimmen.

Wir differenzieren die erste Gleichung (3) und eliminieren aus der dritten Gleichung die Ableitung: $\frac{\partial D''}{\partial u}$, wonach wir ein quasilineares System partieller Differentialgleichungen erster Ordnung für D und D' erhalten. Es ergibt sich, wenn wir

$$K(u,v)\,(EG - F^2) = f(u,v)$$

setzen:

$$D'' = \frac{D'^2 + f}{D} \qquad D \neq 0$$

$$\frac{\partial D''}{\partial u} = \frac{2DD'\frac{\partial D'}{\partial u} + Df_u - (D'^2 + f)\frac{\partial D}{\partial u}}{D^2}$$

$$\frac{\partial D}{\partial v} - \frac{\partial D'}{\partial u} = p'D + (q' - p)\,D' - qD''$$

$$2DD'\frac{\partial D'}{\partial u} + Df_u - (D'^2 + f)\frac{\partial D}{\partial u} - D^2\frac{\partial D'}{\partial v}$$
$$= + D^2(-p''D + (p' - q'')\,D' + q'D'')$$

$$\text{(4)} \qquad \begin{aligned} &\frac{\partial D}{\partial v} - \frac{\partial D'}{\partial u} = p'D + (q' - p)\,D' - q\,\frac{D'^2 + f}{D} \\ &\frac{\partial D'}{\partial v} + \frac{D'^2 + f}{D^2}\,\frac{\partial D}{\partial u} - \frac{2D'}{D}\,\frac{\partial D'}{\partial u} \\ &\qquad = p''D - (p' - q'')\,D' - q'\,\frac{D'^2 + f}{D} + \frac{f_u}{D} \end{aligned}$$

Das quasilineare System partieller Differentialgleichungen erster Ordnung (4) für die Funktionen: $D(u,v)$, $D'(u,v)$ hat als zugeordnete charakteristische Gleichung[1]):

$$\Delta(\lambda) = \begin{vmatrix} -\lambda & ; & -1 \\ \frac{D'^2+f}{D^2} & ; & -\frac{2D'}{D}-\lambda \end{vmatrix} = 0 \tag{5}$$

$$\lambda^2 + 2\lambda\frac{D'}{D} + \frac{D'^2+f}{D^2} = 0$$

Wie man aus den charakteristischen Wurzeln:

$$\lambda_{1,2} = -\frac{D'}{D} \pm \frac{1}{D}\sqrt{-f}$$

erkennt, befinden wir uns im hyperbolischen, elliptischen oder parabolischen Fall, je nachdem ob die Krümmung $K(u,v)$ negativ, positiv oder Null ausfällt.

Als Gleichungen der Charakteristiken des Systems (4) erhalten wir nach (5):

$$D\,du^2 + 2D'du\,dv + \frac{D'^2+f}{D}\,dv^2 = 0 \tag{6}$$

Alle regulären Lösungen $D(u,v)$, $D'(u,v)$ von (4) mit:

$$D(u,v) \neq 0$$

liefern mit Hilfe der Gleichung:

$$D'' = \frac{D'^2+f}{D}$$

ein System: $D(u,v)$, $D'(u,v)$, $D''(u,v)$, das den Integrabilitätsbedingungen der Flächentheorie genügt, und umgekehrt erhalten wir aus einem Lösungssystem von (3) mit $D \neq 0$ ein solches von (4). Nach der Bonnetschen Konstruktion gehört zu jedem Lösungssystem D, D', D'' von (3) eine eindeutig bestimmte Fläche, die

[1] loc. cit. (1).

in S^j verbiegbar ist, und alle Flächen der Mannigfaltigkeit (S^j) können auf diesem Wege gewonnen werden. Aus $D'' = \frac{D'^2 + f}{D}$ ersehen wir nach (6), daß bei Flächen negativen Krümmungsmaßes die charakteristischen Grundkurven des quasilinearen Systems (4) den Asymptotenlinien auf den entsprechenden Flächen zugeordnet sind.

Sei jetzt S^j ein Flächenstück negativer Krümmung mit dem Bildbereich U in der u, v-Ebene. Wir erhalten, wie folgt, einen Überblick über die Mannigfaltigkeit der hierzu gehörigen Lösungssysteme $D(u,v)$, $D'(u,v)$, $D''(u,v)$ der Fundamentalgleichungen (3), welche zu den Flächenstücken von (S^j) gehören (vgl. Abb. 1).

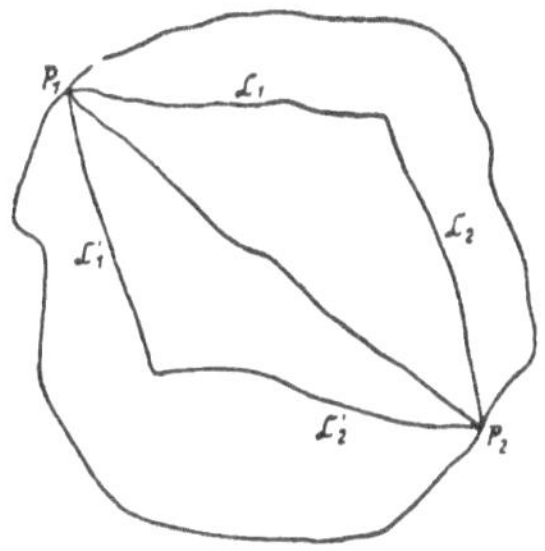

Abb. 1

Sei $\mathfrak{C}$ $(u(s), v(s))$ eine genügend glatte durch U laufende Kurve mit den Endpunkten P_1, P_2. Die entsprechenden Bilder auf der Fläche bezeichnen wir mit $\mathfrak{C}^*$, P_1^*, P_2^*. Längs $\mathfrak{C}$ schreiben wir Anfangswerte $D(s)$, $D'(s)$, $D''(s)$ willkürlich von hinreichend hoher Differenzierbarkeitsordnung vor, doch so, daß dabei die Gausssche Gleichung erfüllt wird, und $D(s) \neq 0$, sowie[1]:

$$D\dot{u}^2 + 2D'\dot{u}\dot{v} + D''\dot{v}^2 \neq 0$$

Wir stellen mit diesen Werten das Anfangswertproblem zu (4). Nach (D) erhalten wir ein eindeutig bestimmtes Lösungssystem $D(u,v)$, $D'(u,v)$, $D''(u,v)$, dessen Abhängigkeitsgebiet Σ (vgl. Abb. 1) der von den Charakteristiken $\mathfrak{C}_1$, $\mathfrak{C}_2$, $\mathfrak{C}_1'$, $\mathfrak{C}_2'$, die von den Endpunkten P_1, P_2 von $\mathfrak{C}$ ausgehen, begrenzte Bereich ist. Diesem Lösungssystem D, D', D'' entspricht dann vermöge der Bonnetschen Konstruktion ein bis auf Bewegungen eindeutig bestimmtes

[1] Es genügt, daß $D(s)$, $D'(s)$, $D''(s)$ in der Bezeichnung von (D) vom Typus D_2 bzw. D_3 ist.

Flächenstück $\bar{S}$, das in ein entsprechendes Teilstück von S^j verbiegbar ist.

Lassen wir $D(s), D'(s), D''(s)$ die ganze Mannigfaltigkeit von Funktionen mit den aufgeführten Bedingungen durchlaufen, so erhalten wir danach eine unendliche Mannigfaltigkeit verschiedener Flächenstücke, die alle auf entsprechende die Flächenkurve $\mathfrak{C}^*$ enthaltende Teilstücke von S^j verbiegbar sind. Die Flächenstücke mit: $D(s) = 0$, längs $\mathfrak{C}$ ergeben sich nach dergleichen Konstruktion nach Einführung geeigneter Parameter u, v.

Wenn man die so gewonnenen Lösungen $D(u,v)$, $D'(u,v)$, $D''(u,v)$ über ihr Abhängigkeitsgebiet hinaus fortzusetzen sucht, wird man darauf geführt, die Gesamtheit der möglichen gemischten Anfangs-, Randwert- und charakteristischen Probleme in U in Betracht zu ziehen[1]. Beim ersten, dem gemischten Anfangs-Randwertproblem kennen wir die Anfangswerte längs einer charakteristischen Kurve $\mathfrak{C}_1$ und ermitteln die Lösungen im Winkelbereich zwischen $\mathfrak{C}_1$ und einer $\mathfrak{C}_1$ schneidenden nichtcharakteristischen Kurve $\mathfrak{L}_1$. Längs dieser ist eine Bedingung für die Lösungen etwa in Gestalt einer Differentialrelation vorgeschrieben. Beim zweiten, dem charakteristischen Problem, sind die Anfangswerte längs zweier sich schneidenden Charakteristiken $\mathfrak{C}_1, \mathfrak{C}_2$ bekannt, und die Lösungen bestimmen sich hieraus im Winkelbereich zwischen $\mathfrak{C}_1$ und $\mathfrak{C}_2$.

Angenommen, wir können U schrittweise durch die Abhängigkeitsgebiete dieser drei Problemtypen überdecken[2]. Fassen wir dann bei den einzelnen Problemtypen die Gesamtheiten der möglichen zu stellenden Bedingungen ins Auge, so erhalten wir eine Übersicht über die Mannigfaltigkeit der möglichen sich an den Rändern der Abhängigkeitsgebiete verzweigenden Lösungssysteme $\bar{D}(u,v)$, $\bar{D}'(u,v)$, $\bar{D}''(u,v)$ von (4) und damit auch von (3). Zur Übersicht über diejenigen Flächenstücke, bei denen die Anfangskurve $\mathfrak{C}^*$ auf S^j in

[1] loc. cit. 1.

[2] Auf die topologische Untersuchung des ausgeschlossenen Falles, in dem im allgemeinen bei der schrittweisen Überdeckung gewisse Abhängigkeitsgebiete überbestimmt werden, also im allgemeinen Singularitäten auftreten, gehe ich in dieser Note nicht ein.

eine Asymptotenlinie verbogen wird, gehe man entweder vom charakteristischen Problem oder von den zu einer geeigneten Anfangskurve: $\mathfrak{C}':[u'(s), v'(s)]$ gehörigen Anfangswertproblemen aus. Nach dem früheren erhalten wir zu jedem dieser Systeme $\bar{D}(u,v)$, $\bar{D}'(u,v)$, $\bar{D}''(u,v)$ eindeutig ein Flächenstück $\bar{S}^j$, das in S^j verbiegbar ist, und man überzeugt sich, daß alle so charakterisierten Flächenstücke der Mannigfaltigkeit (S^j) auf diese Weise gewonnen werden können.

Die ersten Ableitungen der Lösungen $\bar{D}(u,v)$, $\bar{D}'(u,v)$, $\bar{D}''(u,v)$ haben im allgemeinen an den Rändern der Abhängigkeitsgebiete Sprünge, doch hat dies, wie man leicht erkennt, auf die Anwendbarkeit der Bonnetschen Flächenkonstruktion keinen störenden Einfluß. Immerhin wird die Fläche längs der Randkurven der Abhängigkeitsgebiete dann im allgemeinen von niedriger Differenzierbarkeitsordnung als der betrachteten sein. Einige Bemerkungen über die Existenz der Lösungen D, D', D'' im Großen sollen noch gemacht werden:

Die Resultate von (D) sichern die Existenz der Lösungen für hinreichend kleine Gebiete. Doch kann man die Lösungen fortsetzen und unter Umständen jeweils den ganzen Abhängigkeitsbereich eindeutig ausfüllen, um so mehr als das System (4) seinen hyperbolischen Charakter stets beibehalten wird und daher ein Hinüberspringen ins „Elliptische" von vornherein ausgeschlossen ist. Der Fortsetzung der Lösungen wird dann eine Schranke gesetzt; wenn diese bzw. ihre Ableitungen über alle Grenzen zu wachsen beginnen und wir dies durch keine Änderung des Parametersystems u, v beseitigen können. Dann entspricht dem Lösungssystem von (4) ein Flächenstück, welches höchstens über eine singuläre Kurve hinweg in eine Fläche der betrachteten Klasse fortsetzbar ist.

Was die Bedeutung des Abhängigkeitsgebietes, das in der u,v-Ebene zu den einzelnen Problemtypen gehört, für die Verbiegungen anlangt, so sei folgendes erwähnt:

Dem Abhängigkeitsgebiet Σ von vorhin (vgl. Abb. 1) entspricht auf der Fläche S^j derjenige Bereich Σ^*, den die von den Endpunkten P_1^*, P_2^* von $\mathfrak{C}^*$ auslaufenden Asymptotenlinien ausschneiden. Der

Σ^* längs $\mathfrak{C}^*$ berührenden infinitesimalen Flächenstreifens σ, welcher durch die Anfangswerte $D(s)$, $D'(s)$, $D''(s)$ festgelegt ist, bestimmt das Flächenstück Σ^* vollständig. Σ^* bleibt starr, wenn wir σ festhalten, und ansonsten S^j beliebig innerhalb unserer Mannigfaltigkeit verbiegen. Dasselbe gilt nach den Eindeutigkeitssätzen von (D) auch, wenn wir Σ^* längs zweier infinitesimalen Flächenstreifen σ_1, σ_2 festhalten, die die Fläche etwa längs der zwei sich schneidenden Asymptotenlinien: $\mathfrak{C}_1^*$, $\mathfrak{C}_2^*$ berühren.

Wenn wir σ und damit Σ^* festhalten (vgl. Abb. 2), so können wir trotzdem im allgemeinen S^j noch so verbiegen, daß zwei beliebige durch P_1^*, P_2^* laufende Kurven: $\mathfrak{L}_1^*$ bzw. $\mathfrak{L}_2^*$ wenigstens in hinreichender Nähe von Σ^* vorgeschriebene Normalkrümmung in der Tangentenrichtung besitzen.

Dies folgt sofort aus dem Existenzsatz über das gemischte Anfangs-Randwertproblem zu (4). Die längs $\mathfrak{L}_i^*$ in der u, v-Ebene zu stellende Bedingung lautet:

$$\frac{1}{R_i} = \frac{D\dot{u}^2 + 2D'\dot{u}\dot{v} + \dfrac{D'^2 + f}{D}\dot{v}^2}{E\dot{u}^2 + 2F\dot{u}\dot{v} + G\dot{v}^2},$$

wobei $R_i(s)$ die vorgeschriebenen Normalschnittkrümmungen bedeuten. Die zugehörigen Abhängigkeitsgebiete (Abb. 2) werden von den Flächenkurven $\mathfrak{L}_1^*$, $\mathfrak{L}_2^*$ und jeweils zwei sich schneidenden Asymptotenlinien berandet.

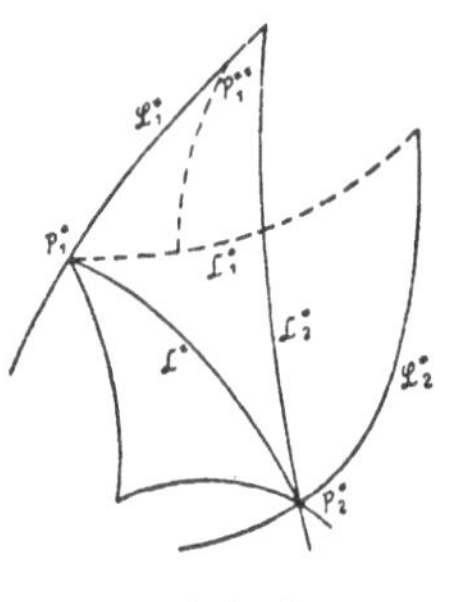

Abb. 2

Bei der Verbiegung etwa von $\mathfrak{L}_1^*$ betrachten wir die von den Punkten P^* auf $\mathfrak{L}_1^*$ ausgehende Schar der Asymptotenlinien. Wir nehmen an, wir hätten den durch P_1^*, P_1^{**} begrenzten Teil der Kurve $\mathfrak{L}_1^*$ bereits in die vorgeschriebene Normalschnittkrümmung übergeführt. Falls die verbogene Kurve $\mathfrak{L}_1^*$ in P_1^{**} eine Asymptotenlinie tangiert, also dort die Normalschnittkrümmung Null in der Fortschreitungsrichtung besitzt, entscheidet der weitere Verlauf der Kurve $\mathfrak{L}_1^*$ darüber, ob wir längs des folgenden Teils weiter verbiegen können oder nicht. Es kann nämlich sein, daß beim Überschreiten der Asymptotenlinien der auf $P_1^* P_1^{**}$ folgende Teil von $\mathfrak{L}_1^*$ in ein Abhängigkeitsgebiet hereinführt, das zu den dem Flächenstück bereits auferlegten Bedingungen gehört. Dann wird es unmöglich sein, die Fläche unter Aufrechterhaltung der bereits auferlegten Bedingungen auf dem folgenden Teil von $\mathfrak{L}_1^*$ weiter zu verbiegen.

Allgemein läßt sich immer sagen, daß Flächenteile, die bei Aufrechterhaltung gewisser Bedingungen starr bleiben, zu Abhängigkeitsbereichen der Lösungen des Systems (4) gehören, und wir können jede Fläche unserer Mannigfaltigkeit aus solchen Abhängigkeitsgebieten zusammensetzen.

H. SALIÉ

ÜBER ABELS VERALLGEMEINERUNG DER BINOMISCHEN FORMEL

Dem von N. H. ABEL[1]) bewiesenen verallgemeinerten binomischen Satze

$$(1)\qquad \sum_{\nu=0}^{n} \binom{n}{\nu} (x+\nu a)^{\nu-1} (y-\nu a)^{n-\nu} = \frac{(x+y)^n}{x}$$

lassen sich drei weitere analoge Beziehungen an die Seite stellen. Wenn man ν durch $n-\nu$, x durch $y-na$ und y durch $x+na$ ersetzt, entsteht

$$(1\text{a})\qquad \sum_{\nu=0}^{n} \binom{n}{\nu} (x+\nu a)^{\nu} (y-\nu a)^{n-\nu-1} = \frac{(x+y)^n}{y-na}.$$

Ferner zeigten J. L. W. V. JENSEN[2]) und O. HÖLDER[3]) mit Hilfe von Reihen, die man heute auch als spezielle Bruwiersche Reihen[4]) bezeichnet,

$$(1\text{b})\qquad \sum_{\nu=0}^{n} \binom{n}{\nu} (x+\nu a)^{\nu-1} (y-\nu a)^{n-\nu-1} = (x+y-na)\frac{(x+y)^{n-1}}{x(y-na)}.$$

O. HÖLDER[3a]) gab überdies noch einen elementaren Beweis[5]). Schließlich findet man bei A. CAUCHY[6])

---

[1] N. H. ABEL, Démonstration d'une expression de laquelle la formule binôme est un cas particulier. Oeuvres complètes, 2-ème ed., T. 1, 1881, p. 102.

[2] J. L. W. V. JENSEN, Sur une identité d'Abel et sur d'autres formules analogues. Acta math., T. 26, 1902, p. 307—318.

[3] O. HÖLDER, Ber. Sächs. Akad. Wiss. Leipzig, Bd. 88, 1936, S. 61—66.

[3a] O. HÖLDER, ebenda, Bd. 88, 1936, S. 133—134.

[4] O. PERRON, Math. Z., Bd. 45, 1939, S. 127—141.

[5] Durch Addition von (1) und (1a) entsteht (1b). Elementarer Induktionsbeweis von (1) ohne die von Abel verwendete Integration siehe im Lehrbuch der Combinatorik von E. NETTO, 1901, S. 52.

[6] A. CAUCHY, Exercices de Mathématiques, T. 1, 1826, p. 49 ff. Dort auch Spezialfall von (1).

(1c) $$\sum_{\nu=0}^{n} \binom{n}{\nu} (x+\nu a)^{\nu} (y-\nu a)^{n-\nu} = n! \sum_{\nu=0}^{n} \frac{(x+y)^{\nu} a^{n-\nu}}{\nu!}.$$

Die Gleichungen (1) bis (1c) sind verschiedentlich verallgemeinert worden. Abel[1]) betrachtete

(2) $$\varphi(x+y) = \sum_{\nu=0} \frac{x(x+\nu a)^{\nu-1}}{\nu!} \varphi^{(\nu)}(y-\nu a)$$

Halphen[2]) untersuchte die Gültigkeit von (2), und J. L. W. V. Jensen[3]) stellte weitere (2) analoge Funktionalgleichungen auf. A. Hurwitz[4]) dehnte die Formeln auf den polynomischen Satz aus. Er gab ferner[5]) (1) enthaltende Beziehungen an, die er bei der Anzahlbestimmung der Riemannschen Flächen mit gegebenen Verzweigungspunkten verwendete. Andersartige Verallgemeinerungen stammen von A. v. Burg[6]) und A. Cayley[7]).

Bei der Beschäftigung mit verallgemeinerten Bruwierschen Reihen

(3) $$\sum_{n=0}^{\infty} \frac{(x+a_n)^n}{n!} t^n$$

bin ich auf Identitäten gekommen, die ebenfalls auf (1) bis (1c) führen. Ich zeige sie, ohne (3) heranziehen zu müssen.

ε und ε' sollen im folgenden 0 oder 1 bedeuten. Aus den beliebigen Zahlenfolgen

$$(a)\quad a_0,\ a_1,\ a_2 \ldots a_n \qquad n \geqq 0 \ \text{ganz}$$
$$(b)\quad b_0,\ b_1,\ b_2 \ldots b_n$$

---

[1] N. H. Abel, a. a. O. [1], T. 2, p. 72.
[2] Halphen, Comptes rendus, T. 93, 1881, p. 1003.
[3] J. L. W. V. Jensen, a. a. O. [2], p. 316 ff.
[4] A. Hurwitz, Mathematische Werke, Bd. 1, 1932, S. 306—309.
[5] A. Hurwitz, Mathematische Werke, Bd. 2, 1933, S. 572—576.
[6] A. v. Burg, Crelle Journ., T. 1, 1826, p. 367.
[7] A. Cayley, Collected Math. Papers, Vol. 2, 1889, p. 102; dargestellt bei Netto, a. a. O. [5], vor. S.

werde mit positiv ganzzahligen m, m', r

$$P^{(\varepsilon,\varepsilon')}_{m,m',r}(a,b)$$

$$(4) \qquad = \sum_{\substack{\nu+\nu'=r \\ \nu=0,1,2,\ldots,r}} \binom{r}{\nu} a_{m+\nu}^{\nu-\varepsilon} b_{m'+\nu'}^{\nu'-\varepsilon'} \left(\frac{\nu a_0 + m a_{m+\nu}}{m+\nu}\right)^{\varepsilon} \left(\frac{\nu' b_0 + m' b_{m'+\nu'}}{m'+\nu'}\right)^{\varepsilon'}$$

gebildet. Dann gilt die Identität

$$(5) \qquad \begin{aligned} &(x+a_0)^{\varepsilon}(y+b_0)^{\varepsilon'} \sum_{\substack{\nu+\nu'=n \\ \nu=0,1,2,\ldots,n}} \binom{n}{\nu} (x+a_\nu)^{\nu-\varepsilon}(y+b_{\nu'})^{\nu'-\varepsilon'} \\ &= \sum_{k=0}^{n} \binom{n}{k} \sum_{\nu=0}^{k} \binom{k}{\nu} x^{\nu} y^{k-\nu} P^{(\varepsilon,\varepsilon')}_{\nu,k-\nu,n-k}(a,b). \end{aligned}$$

Zum Beweise hat man die Taylorsche Reihenentwicklung auf das Polynom $F(x, y)$, die linke Seite von (5), anzusetzen und zu zeigen, daß

$$(6) \qquad \frac{1}{k!}\left[\frac{\partial^k F(x,y)}{\partial x^{\nu}\partial y^{k-\nu}}\right]_{\substack{x=0\\y=0}} = \binom{n}{k} P^{(\varepsilon,\varepsilon')}_{\nu,k-\nu,n-k}(a,b)$$

ist. Man sieht (6) leicht ein, wenn man beachtet, daß die ν-te Ableitung von

$$(x+a_0)^{\varepsilon}(x+a_\mu)^{\mu-\varepsilon}$$

nach x gleich $\binom{\mu}{\nu} \nu!\,(x+a_\mu)^{\mu-\nu-\varepsilon}\left(\frac{(x+a_0)(\mu-\nu)+(x+a_\mu)\nu}{\mu}\right)^{\varepsilon}$

$$\mu \neq 0$$

ist.

Als Spezialfall von (5) sei $b_{n-\nu} = -a_\nu$, $\varepsilon = \varepsilon' = 0$ vermerkt:

$$(5a) \qquad \begin{aligned} &\sum_{\nu=0}^{n} \binom{n}{\nu} (x+a_\nu)^{\nu}(y-a_\nu)^{n-\nu} \\ &= \sum_{k=0}^{n} \binom{n}{k} \sum_{\nu=0}^{k} \binom{k}{\nu} x^{\nu} y^{k-\nu} \Delta^{n-k} a_\nu^{n-k}, \end{aligned}$$

wobei $\Delta^r f(m)$ die r-te Differenz von $f(m)$ bezeichnet. Hieraus folgt zum Beispiel:

$$\sum_{\nu=0}^{n} \binom{n}{\nu} (x + t a^\nu)^\nu (y - t a^\nu)^{n-\nu} \tag{5b}$$
$$= \sum_{\nu=0}^{n} \binom{n}{\nu} (a^\nu - 1)^\nu t^\nu (a^\nu x + y)^{n-\nu}.$$

Zu der ABELschen Formel und ihren Analoga gelangt man, wenn man in (5) $a_\nu = \nu a \;\; b_{n-\nu} = -\nu a$ setzt. Es entsteht wegen (4)

$$\begin{aligned} &P^{(\varepsilon, \varepsilon')}_{m, m', r} = m^\varepsilon (m + r)^{\varepsilon'} a^r \sum_{\nu=0}^{r} \binom{r}{\nu} (-1)^{r-\nu} (m + \nu)^{r-\varepsilon-\varepsilon'} \\ &m + m' + r = n \\ &\qquad = \begin{cases} 1 & r = 0 \\ (1 - \varepsilon - \varepsilon') a & r = 1 \\ (1 - \varepsilon)(1 - \varepsilon') a^r r! & r \geqq 2 \end{cases} \end{aligned} \tag{7}$$

und somit aus (5)

$$\begin{aligned} x^\varepsilon (y - na)^{\varepsilon'} &\sum_{\nu=0}^{n} \binom{n}{\nu} (x + \nu a)^{\nu-\varepsilon} (y - \nu a)^{n-\nu-\varepsilon'} \\ &= (x + y)^n + na(1 - \varepsilon - \varepsilon')(x + y)^{n-1} \\ &+ (1 - \varepsilon)(1 - \varepsilon') n! \sum_{\nu=0}^{n-2} \frac{(x + y)^\nu a^{n-\nu}}{\nu!}, \end{aligned}$$

das ist die Zusammenfassung von (1), (1a), (1b) und (1c).